北极漫游记

北极科考基地大揭秘

李穆穆 文
小枣子 图

化学工业出版社
·北 京·

图书在版编目（CIP）数据

北极漫游记：北极科考基地大揭秘 / 李穆穆文；小枣子图. —北京：化学工业出版社，2020.1（2024.7 重印）
ISBN 978-7-122-35737-3

Ⅰ. ①北… Ⅱ. ①李… ②小… Ⅲ. ①北极—儿童读物 Ⅳ. ①P941.62-49

中国版本图书馆 CIP 数据核字（2019）第 254442 号

责任编辑：刘亚琦　　装帧设计：尹琳琳
责任校对：杜杏然　　极光摄影：刘杨（空间物理学博士，南北极科考队员）

出版发行：化学工业出版社（北京市东城区青年湖南街 13 号　邮政编码 100011）
印　　装：北京瑞禾彩色印刷有限公司
889mm×1194mm　1/16　印张 8　　2024 年 7 月北京第 1 版第 2 次印刷

购书咨询：010-64518888　售后服务：010-64518899
网　　址：http://www.cip.com.cn
凡购买本书，如有缺损质量问题，本社销售中心负责调换。

定　　价：79.80 元　

目录

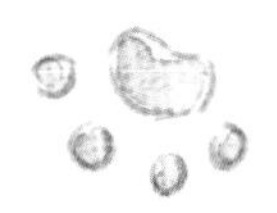

亲爱的小朋友，你想成为伟大的科学家吗？你想成为一名勇敢的极地探险者吗？你想知道北极科考站的叔叔阿姨是如何生活和工作的吗？你想看看绚丽多彩的极光吗？你想近距离了解陆生食肉动物北极熊吗？请跟我来，我们一起去读读这本书《北极漫游记——北极科考基地大揭秘》。

通过书中主人公乌狸和约夫纳先生介绍，你将到达北极小城朗伊尔，了解小城的过去和现在，再坐上雪地摩托车去到萨米人住过的小木屋，并且一起探索“超级蓝血月”的奥秘……

从朗伊尔城乘坐小飞机，你就可以到达另一个小镇——新奥尔松，别看这里不大，却是名副其实的科学圣地，有近10个国家在这里设立了科学考察基地，每年夏季有上千位科学家来此开展大气环境、高空物理、极光、海洋生物等多学科的考察工作。我国虽然不是北极国家，但全球环境是一个整体，所以我国也在这里建立了一个北极常年考察站黄河站，开展多学科的科学考察工作。当然，为了减少游客对科考工作的影响，新奥尔松会尽量控制一般游客的到访。

小朋友让我们通过这本书一起去北极看绚丽多彩的极光和千姿百态的冰山，一起学习垃圾分类，同时不要惊扰驯鹿和北极狐，远距离看看北极霸主北极熊。让我们和乌狸一起行动起来，保护地球！

李果

（李果，资深极地专家，于2005年、2010年、2015年任中国北极黄河站站长。）

最北之城

乌狸听妈妈说：“在地球最北端有一个城市，叫朗伊尔城，那里神奇又有趣。每年的4月到8月有24小时不落的太阳，11月到来年1月有24小时不落的月亮。”

第二天，乌狸背上行囊，跳上了卡车一路来到朗伊尔城。再睁开眼时，已经是下午一点了。

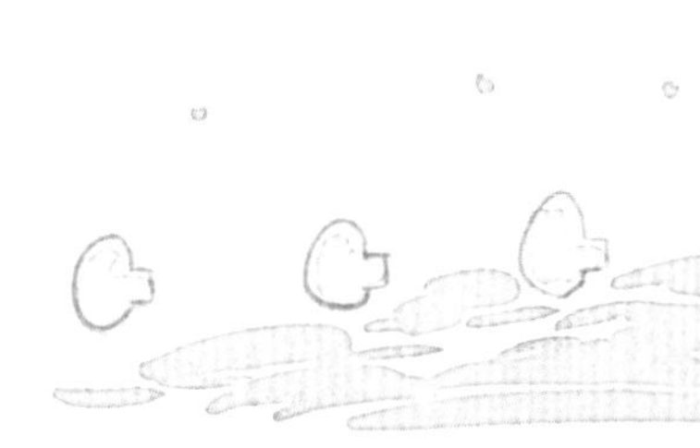

“24小时都是黑夜，而且又有北极熊，这里的人该怎么生活呢？”乌狸问司机约夫纳先生。

1. 朗伊尔城，英文Longyearbyen，北纬78° 13′，东经15° 33′。位于挪威属地斯匹次卑尔根群岛。是地球最北端的城市，人口约1800人。
2. 极夜，又名永夜，是一日之内，太阳都在地平线以下的现象，出现于地球两极地区。每年秋分过后，北极附近就会出现极夜，范围逐渐扩大，直到冬至到达北极圈；冬至过后极夜范围缩小，至春分完全消失。

约夫纳先生告诉乌狸，朗伊尔城其实是个很安全的地方，因为北极熊几乎都是在野外活动的。他又指了指天上的直升机，这些直升机每天都会定时巡逻，如果发现北极熊靠近城镇，就会把它们驱赶到安全地带。

乌狸跟着约夫纳先生来到朗伊尔城的街上，有人骑着雪地摩托车，有人推着雪橇车，有人牵着狗。每个店铺里面都灯火通明，更有趣的是屋外竟是用浴霸来照明！久在屋外的人们可以在浴霸灯下取暖。门口还有拴狗用的矮墩子，狗狗乖巧地蹲在外面等着主人出来。

超市门口和很多店铺门前都挂着一个“持枪勿入”的标志牌。因为挪威人去野外度假时，会为了防熊而携带枪支，但店铺的主人可不想有人带着枪进商店，那就太危险了。

朗伊尔城所在的斯匹次卑尔根群岛有巨大的煤炭储量，矿业也是这个城镇的支柱产业。

朗伊尔城正是因为煤矿才建立起来的。起初这里总共有7个煤矿，整个城镇只有煤矿工人和他们的家属居住。后来人们越来越重视环境保护，煤矿陆续都关闭了，现在只剩下7号煤矿还在运转，而且也即将关闭。有些居民就是当年那些煤矿工人的后辈，他们祖祖辈辈生活在这里。

乌狸听着7号煤矿的轰鸣，眺望着山坳里积满的白雪正伴着月色闪出荧荧之光，不觉看呆了。

“明天镇上的人都会去最北端的教堂庆祝太阳节，我带你去认识几个新朋友吧。”约夫纳先生拍拍乌狸的头说。

第二天一早，约夫纳先生带着乌狸和儿子拉尔斯一路走到斯瓦尔巴教堂，这是地球上最北端的教堂。

拉尔斯和同学们每周都会到教堂练习合唱，还会把自己收集的好玩意拿过来一起分享，或者一起写作业。教堂是全天开放的，如果镇上有居民的亲友不幸去世，他们又没法及时赶回去陪伴，就可以来教堂点上一根蜡烛来悼念。每到节日，朗伊尔城的居民就到教堂举办庆祝活动。教堂就是朗伊尔居民日常聚会的地方。

太阳节，是挪威很重要的庆祝节日。每年的3月8日是朗伊尔城的太阳节，庆祝极夜过去，太阳重新回归。朗伊尔城是挪威最后一个过太阳节的地方，全镇的孩子几乎都会聚集到教堂前的空地上，等着太阳露出山顶的那一刻。

乌狸跳到台阶上，听孩子们唱歌，和他们一起欢呼着：“太阳太阳快出来吧！”

在孩子们的呼声中，太阳终于冒出山顶，迸发出耀眼的光芒。

仪式结束后，镇上的居民陆陆续续来到教堂。拉尔斯和朋友们一起为今天的聚会合唱了很多好听的歌曲，工作人员提前准备好了热狗、面包和热饮，大人们围坐在桌前聚餐交谈。

约夫纳先生一家今天穿了和平时不一样的衣服。

拉尔斯指着衣服上的各种装饰一一讲解道："这是萨米人的民族服装，由蓝、红、黄三种颜色组成，领口、袖口都有花边，再围上宽大的腰带。"

萨米人是斯堪的纳维亚半岛的游牧民族，分布在挪威、芬兰、瑞典和俄罗斯，以饲养驯鹿为生。虽然他们现在已经不再过游牧生活，但每到萨米族节日时，他们就会穿上民族服装，烤驯鹿肉吃。约夫纳先生拿起一面彩旗告诉乌狸，这是萨米人的旗帜，红、绿、黄、蓝代表了大地、风、火和海洋四个元素。蓝色和红色组成的圆，蓝色半圆代表月亮，红色半圆代表太阳，在萨米人的文化中，太阳和月亮是非常重要的组成部分。

约夫纳带着乌狸参观教堂的大厅，墙上挂着煤矿工人常用的工具，这是为了纪念这座城镇的起源。墙上还有很多漂亮的画，都是朗伊尔城和周边地区独特的风景。

从教堂出来，约夫纳先生说："明天我带你们去野外露营，所以今天我们要一起收拾东西，也要早点睡觉哟。"

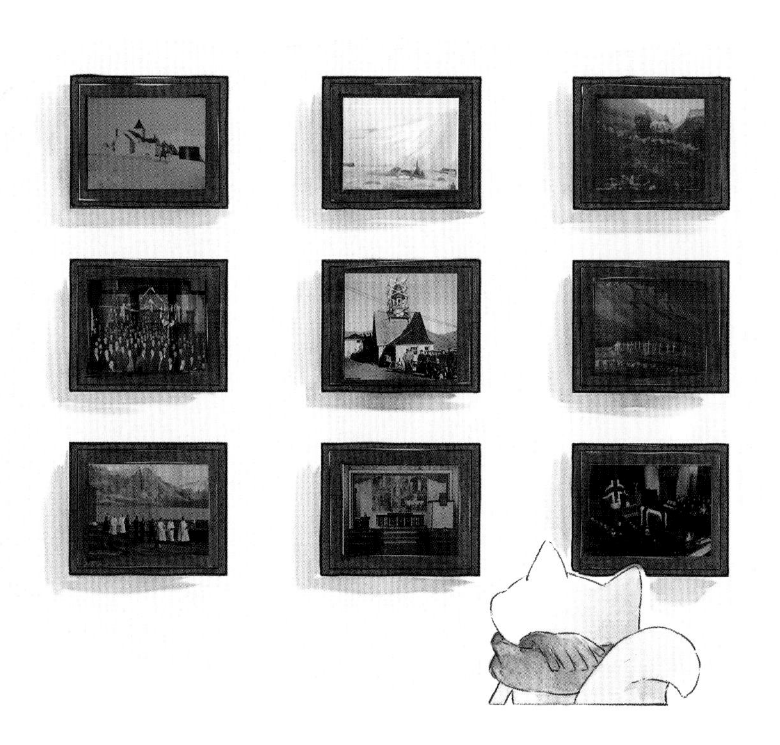

野外小木屋

约夫纳先生带着乌狸和拉尔斯回到家，开始为露营做准备。提到露营，蹲在约夫纳先生旁边的阿拉斯加雪橇犬菲比“汪汪”地叫着，仿佛能听懂他们在说什么。

在挪威，几乎每家在野外都会有一幢小木屋，便于亲戚朋友们露营度假。约夫纳先生打开备忘录，上面记录着上次露营后的物资信息：需要补充瓦斯罐、蜡烛、木柴、卫生纸……木屋是亲戚朋友们共用的，所以每次用完木屋的人要留下物资信息，便于再去的人提前做准备。

他们走进储物室，约夫纳先生和拉尔斯一起把巧克力、面包、袋装的冷冻驯鹿肉、饮用水、卫生纸、打火机、便携式瓦斯罐、蜡烛打包好。又栓了一大捆木柴，仔细检查了雪橇，最后把所有的物品装进了雪地摩托车的拖斗里。

因为小木屋都是在野外和森林里，没有通车的路，只有驾驶雪地摩托车才可以轻松到那里。

他们穿好荧光衣戴好头灯，一路驾着雪地摩托车驶向野外小木屋。

空旷的野外因为没有光，星星显得格外明亮。乌狸和约夫纳先生、拉尔斯还有雪橇犬菲比奔驰在雪原上，留下一道道车痕。

半小时后，一行人来到小木屋。屋外不远处的海面上漂浮着海冰，时而发出清脆的撞击声。积雪没过了脚踝，他们深一脚浅一脚地把物资搬进屋里。约夫纳先生家的野外木屋不大，只有一室一厅。屋内有床、沙发、

火炉、简易煤气灶、锅碗瓢盆一应俱全……窗前挂着太阳挂饰，整个屋子布置得温馨舒适，茶几上摆着烛台。但是没有水也没有电，乌狸他们该怎么露营度假呢？

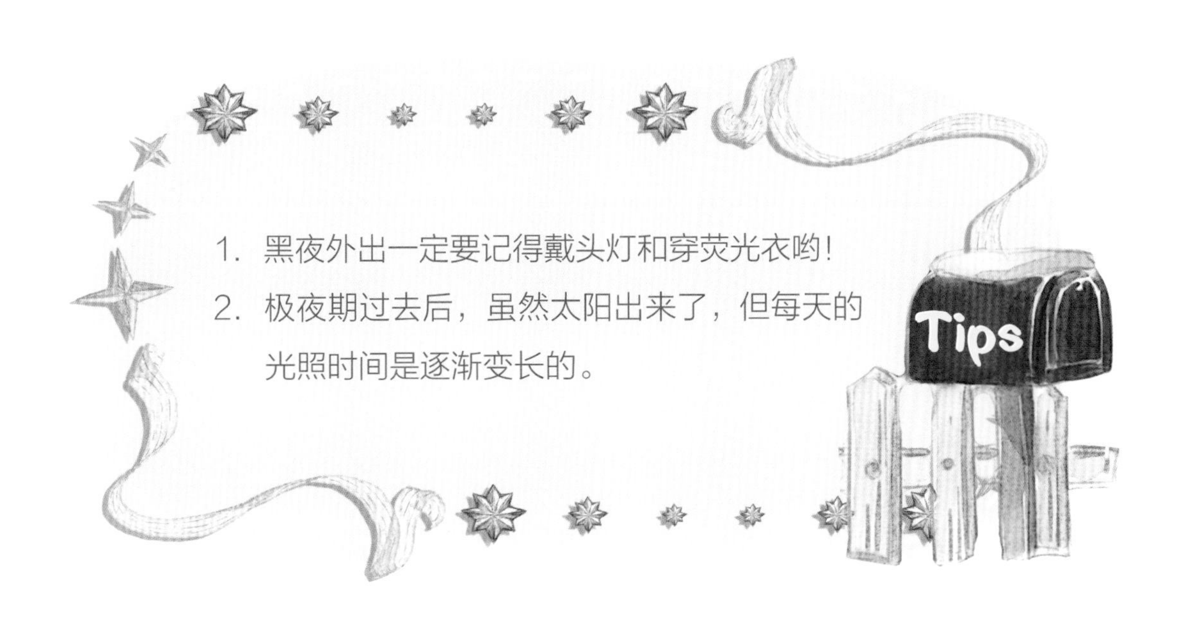

1. 黑夜外出一定要记得戴头灯和穿荧光衣哟！
2. 极夜期过去后，虽然太阳出来了，但每天的光照时间是逐渐变长的。

只见约夫纳先生用打火机点燃几根蜡烛，整个屋子瞬间明亮了起来。然后他把碎木屑塞进火炉的炉膛内点燃，再把木柴一块一块添进去。由于气候干燥，所以木柴极易被点燃，在炉膛内噼啪作响，不一会儿工夫，屋里就暖和起来了。

他们一起划定了区域：木屋东侧远离海边，可以用来当临时厕所；屋前远处的积雪可以拿来当清洁用水。

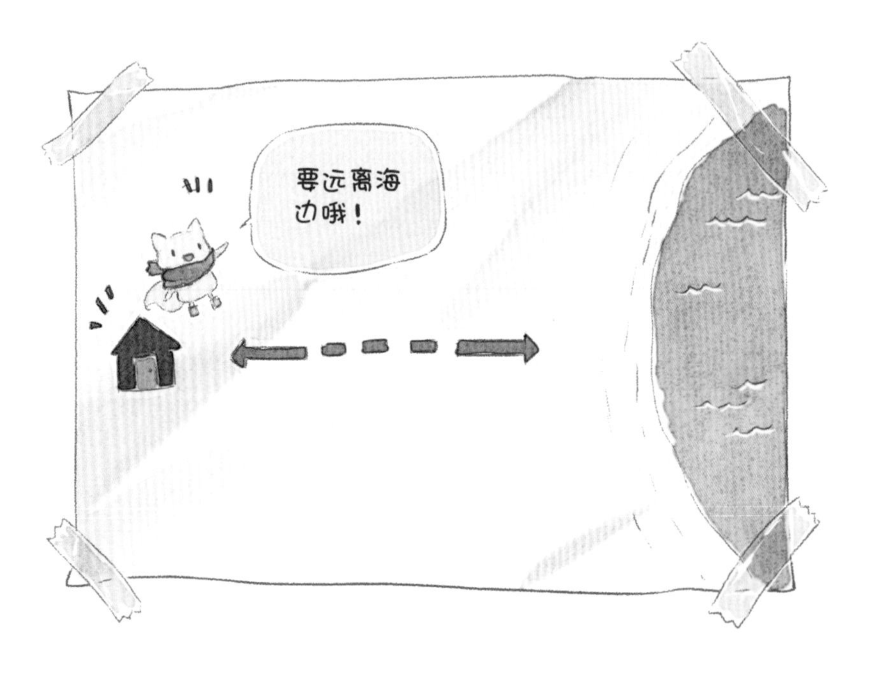

拉尔斯把饮用

水倒进水壶放在火炉上，炉火很旺，很快就烧得一壶热腾腾的热水。他们冲上巧克力热饮，约夫纳先生把便携式瓦斯罐装进简易煤气灶里，又在平底锅里放入黄油，将带来的冷冻驯鹿肉翻炒起来， 屋内很快就飘荡着阵阵诱人的饭香味！

约夫纳先生的炒驯鹿肉真是太美味了！大家美餐一顿后开始清洗餐具。拉尔斯和乌狸拎着小锅，走到屋前大概100米以外的地方开始铲雪。两人铲了满满一小锅雪，拿回火炉上烧，一小锅雪大概能烧出不到半锅的热水。他们在餐具上挤了少许洗洁精，带上烧好的水到屋外进行清洗。

在野外露营时，行动区域一定要远离海边，因

为北极熊可能会从海边游到陆地上，防熊是所有居住在北极的人必须牢记的事情。

也许是因为地处寒冷地区，挪威人非常喜欢点蜡烛，即使是在有电灯的室内，他们也会点上蜡烛来营造更加温馨的气氛。乌狸和拉尔斯坐在沙发上，一起听约夫纳先生讲露营的小知识。

挪威地势狭长，有很多峡湾地带。每当冬季来临，挪威人便会带上自己的爱犬去滑雪、骑雪地摩托车、露营。

这里几乎家家都养狗，狗狗如同他们的家人一样。每个挪威人都是滑雪的高手，也是野外生存的高手。世界上有名的探险家，比如罗尔德·阿蒙森——世界上第一个到达南极点的人，就是挪威人。

随着冬季慢慢过去，海冰渐渐融化，夏季的极昼期就来了，挪威人喜欢坐着小游艇到海上垂钓，或者到野外狩猎区打猎。可以说，挪威人的生活与大自然有着非常亲密的关系。

约夫纳先生说：“就像爷爷奶奶教我的那样，野外生活是我们的传统习惯，只要你学会了如何与自然相处，就能尽情享受大自然。”

超级蓝血月

今天是一个特殊的日子，再过几个小时，天空将会上演月全食。而且今年的月全食是百年不遇的超级蓝血月！约夫纳先生带着乌狸和拉尔斯一起来到海边，这是观看月全食的最佳位置。

“以前每到冬季来临，这片海会漂浮着很多海冰，可是近年来海冰已经越来越少了。”约夫纳先生说。

北极的海很平静，海浪起伏很小，缓缓而有节奏地涌上来。站在海边，海风若有若无地吹过，让人觉得越发寒冷。

有趣的是，月亮就在海平面上大概20～30度的位置，看上去有时升起一点，有时又落下一点，平缓地朝一个方向前进。约夫纳先生告诉乌狸，在其他地方，人们每天看到月亮升起和落下。但是在极区，因为极夜和高纬度的缘故，所以月亮没有明显的升降，几乎是平移的。

“什么是超级蓝血月？”乌狸问。

约夫纳先生告诉乌狸，超级蓝血月其实是两件事，一个是“蓝月”；一个是“血月”。

“蓝月”并不是蓝色的月亮，它是一种很少见的现象，指的是一个月内出现两次满月，第二次出现的满月就叫“蓝月”。而“血月”指的就是月全食，因为发生月全食的时候，地球的大气层把太阳的红色光折射到月亮上，所以月亮看上去是淡红色的，也就是俗称的“血月”。这次的蓝血月之所以说它是超级的，是因为月亮正好处在近地点的位置，比我们平时看到的月亮要更大一些。这三个现象同时发生，难怪是百年一遇的新鲜事了。

渐渐地，月亮开始“缺了角”，约夫纳先生告诉乌狸这就是“初亏”。随后月亮一点点地被阴影遮住，一个多小时后就“食甚”了，月亮完全被地球的影子遮住了！这也是月球的中心和地球影子的中心最近的时刻。又过了大概半个小时，月亮慢慢走出了地球的影子，这个过程叫“生光”。乌狸觉得月全食的过程好快啊，平时看着月亮挂在天上，一点也不觉得它会“走”得这么快。

“这场超级蓝血月真是太罕见了！但除了稀奇少见之外，人们为什么要观测月全食呢？”乌狸好奇地问。

“你问了个好问题！”约夫纳先生夸赞乌狸，“现在我们都知道，地球是个不规则的椭圆形，但对于古人来说，却是很难理解的事情。古希腊的著名哲学家亚里士多德就是通过观测月全食得出了地球是球形的结论，使得人类对自然的认知又向前迈了一步。人类在自然面前是渺小的，所以对自然现象的预测在人类生活中有着重要作用。古人从观测日食和月食中发现，食相的出现是有规律的，食相的周期叫做‘沙罗周期’。”

沙罗周期是指日食和月食出现周期变化。大约每过6585天，也就是18年11天8小时，地球、太阳和月球的相对位置，会出现周期性的变化。在一个沙罗周期内会发生43次日食和28次月食。每过一个沙罗周期，就会重现当年的食相。由于地球自转和月球公转的重合时间并不是整天数，而是有8小时的延后，所以要等3个沙罗周期，即54年1个月之后，才能在地球上的相似地点再次看到食相。而且食相发生时，太阳和月球在交点上有大约0.5度的角度差，所以有时是全食有时是偏食。

公元前14世纪到公元前13世纪，中国就出现了用甲骨文记载的日食记录。此后，《诗经》《竹书纪年》等古籍都有食相记录。从《春秋》中鲁隐公三年二月己巳（公元前720年2月10日）的日食记录开始，中国的日食记录有了明确的年月日。

沙罗周期是指月球在它的轨道盘上运行一周所需的时间——223个朔望月和29.53059天朔望月周期的乘积，即223×29.53059=6585.32157天，也就是18年11天8小时。

难忘的观月之旅结束了，乌狸恋恋不舍地离开了小木屋。这次野外之旅让他学到了很多知识和技能，比如出发前要准备什么，到了野外要注意什么……只有掌握了这些知识，才能更好地享受与大自然相处的乐趣！

明天，约夫纳先生就要乘飞机去新奥尔松了，那里是国际北极合作研究基地，集中了中国、挪威、法国、德国、意大利、日本、韩国、印度等国家的野外观测点和科考站，因为面积不大，所以也是名副其实的“北极村”，有“小联合国”之称。

北极科考站

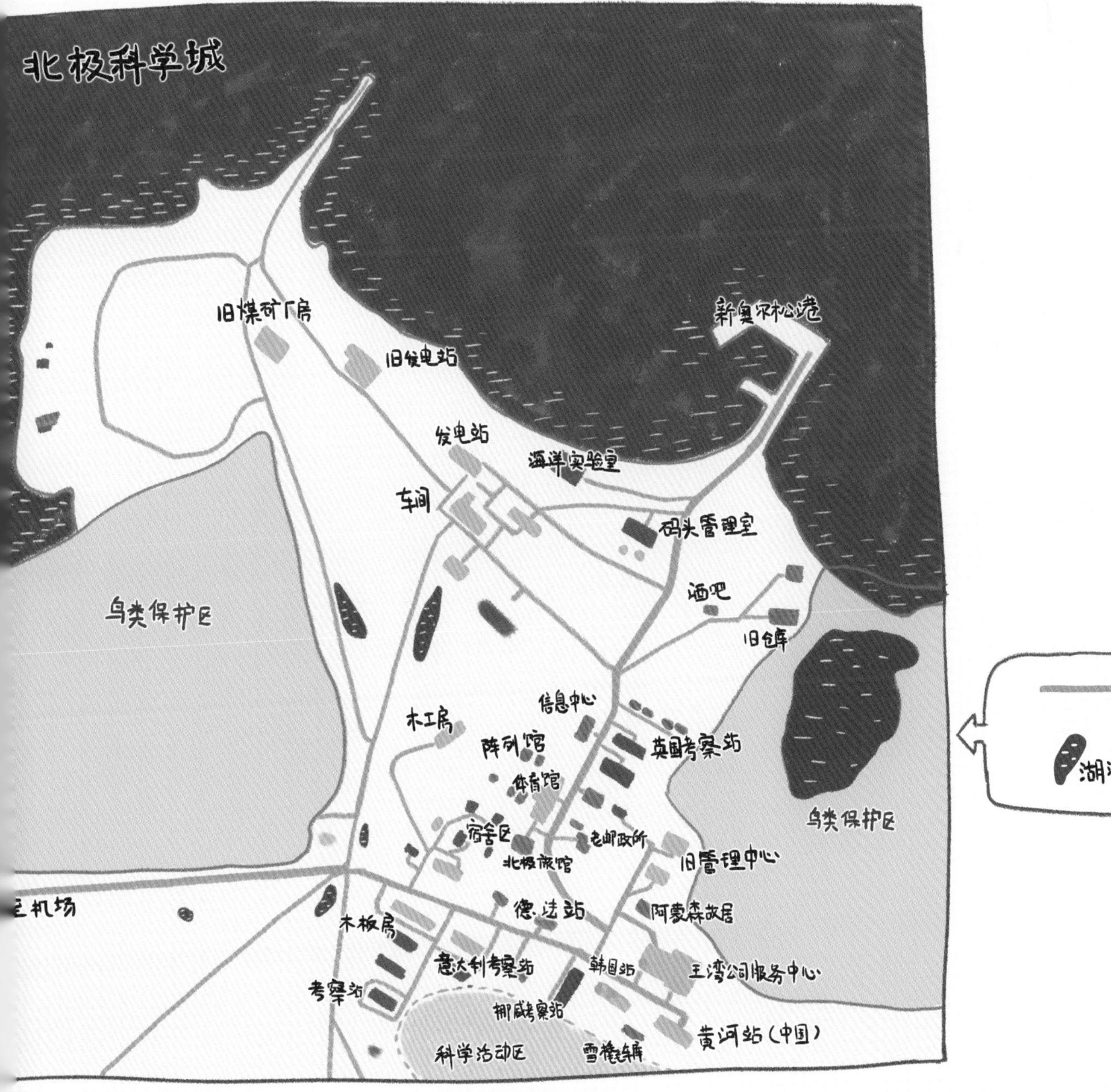
北极科学城
旧煤矿厂房
旧发电站
新奥尔松港
发电站
海洋实验室
车间
码头管理室
酒吧
旧仓库
鸟类保护区
信息中心
木工房
陈列馆
英国考察站
体育馆
鸟类保护区
宿舍区
老邮政所
北极旅馆
旧管理中心
机场
德法站
阿蒙森故居
木板房
意大利考察站
韩国站
王湾公司服务中心
考察站
挪威考察站
黄河站（中国）
科学活动区
雪橇车库

道路
湖泊

北纬 79°的新奥尔松是如世外桃源一般的地方。它淡出人们的视线，仿佛披着一层神秘的面纱，而它却是国际北极合作研究基地，开展着各种关系到人类生存发展的科研项目。每当冬季来临，到达新奥尔松最常用的方式就是从朗伊尔城坐飞机过去。但能否正常起飞完全要看天气情况。冬季暴风雪频发，飞往新奥尔松的航班会经常变动。有时在候机楼等一天，航班最后还是取消了。去往新奥尔松的小飞机停靠在专门的候机楼里，一架飞机只能乘坐15人，每周有两趟航班。往来新奥尔松和斯匹次卑尔根群岛上的其他地方，有空运和海运两种方式，但空运是非常昂贵的运输方式。运往新奥尔松的物资通常从挪威大陆用补给船输送，这些补给船沿途也会给朗伊尔城等斯匹次卑尔根群岛上的其他地方输送物资。

约夫纳先生带着乌狸，把所有的行李都放在一楼的寄存处，如果确定会起飞的话，有专门的工作人员把行李和物资搬到飞机上。放好行李，鞋子也要脱在一楼，就可以上二楼候机了。说是候机厅，其实是个很温馨的休息室，有沙发、咖啡机，咖啡、茶、小零食都可以自取。乌狸隔着窗户看到一层的停

机库停放着两架小飞机，技师们正在进行起飞前的检查工作。

半小时后，机库门打开，工作人员通知大家登机。乌狸系好安全带，飞越冰川和海峡，大约20分钟后就飞到了新奥尔松。

约夫纳先生带着乌狸漫步在新奥尔松的小路上，十几分钟就能走完一圈的小镇，错落有致地坐落着各个国家的科考站。别看镇子很小，却有一座24小时开放的博物馆，介绍着新奥尔松的前世今生。原来新奥尔松曾经也是煤矿场，就像朗伊尔城一样。但不幸的是，矿难事故时有发生。1963年11月5日，挪威政府关闭了矿场，开始把新奥尔松改造成国际北极科研基地。由于地理位置较特殊，新奥尔松在研究气候和环境上拥有天然的优势，逐渐建起了各种独特的气候环境研究设施。

镇中央是一个小广场，矗立着罗尔德·阿蒙森的雕像，这位挪威籍探险家是世界上第一个到达南极点，也是第一个飞越北极点的人。1926年，阿蒙森就是从新奥尔松起飞，最终穿越北极点的。

阿蒙森雕像对面是新奥尔松的服务中心。夏季的新奥尔松最多有200人；而到了冬季，这里只有不到40人。服务中心有食堂，用餐时间是固定的，大家坐在一起就像一个大家庭。

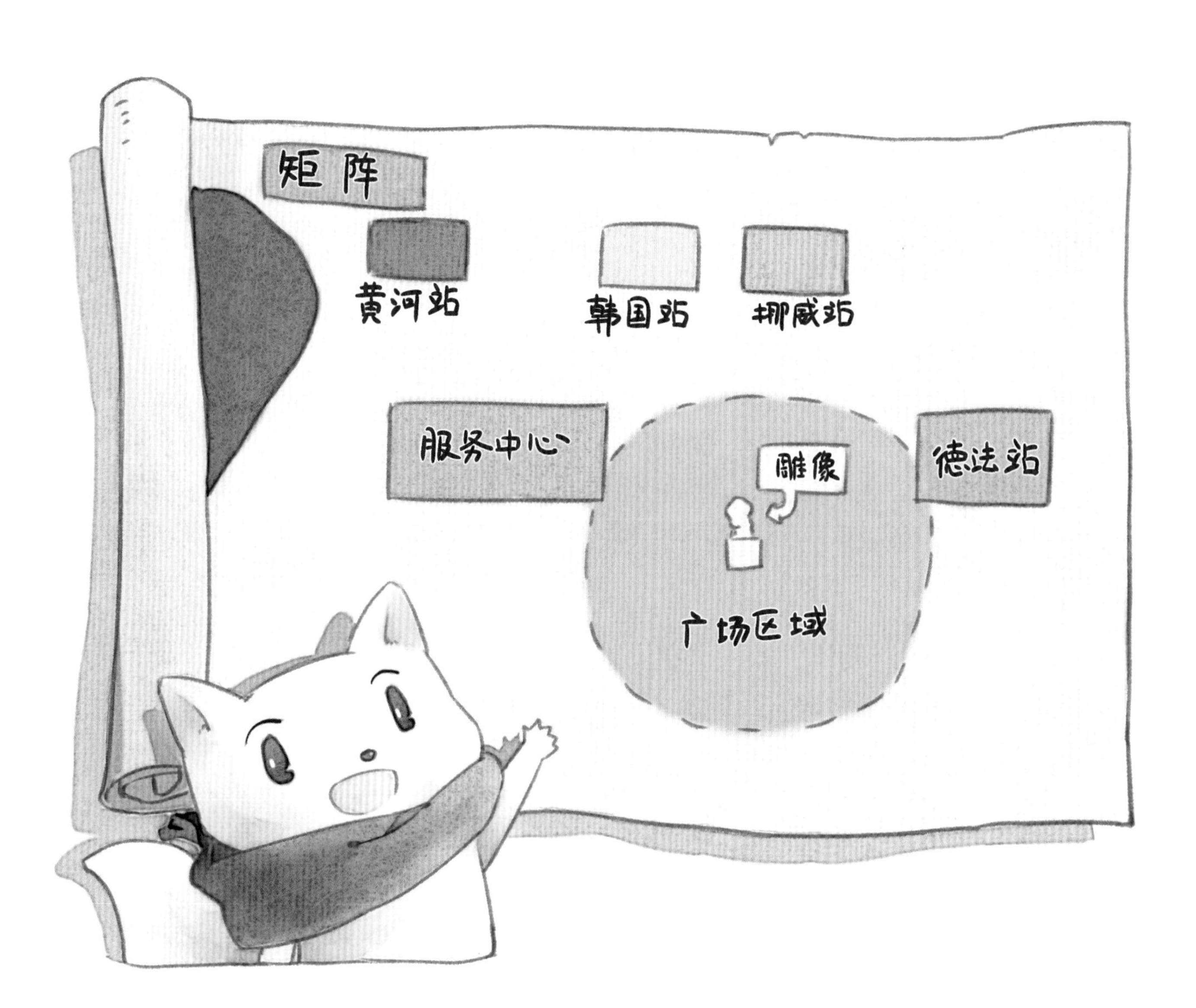
矩阵
黄河站
韩国站
挪威站
服务中心
雕像
德法站
广场区域

服务中心大门的斜对面就是中国北极科考站——黄河站。乌狸在博物馆看到一张新奥尔松的建筑图，图示里面橘红色代表1941年以前修建的建筑，豆绿色代表1945~1963年间修建的建筑，蓝色代表1963年以后修建的建筑。黄河站所在的建筑始建于1945~1963年间，2004年改造完工，成为现在的黄河站，它毗邻海边，是一座棕红色的二层小楼。里面有宿舍、实验室、储物间、会客室等设施，十分齐全。

黄河站的顶楼还有5个“小木屋”，要爬梯子才能上去。木屋上面有玻璃罩，设备就在这些罩子里面。其中有3台极光成像仪，1台极光光谱仪，还有1台法布里-珀罗干涉仪。利用这些设备，科学家们就可以观测地球大气层，拍下范围非常广阔的星空和极光了。楼后面的空地上矗立着一片由天线

组成的矩阵，整个天线矩阵就是成像式宇宙噪声接收机，用来监测电离层。

3台极光成像仪利用全天空鱼眼镜头，分别可以观测绿色、红色、紫色极光的形态变化；极光光谱仪则能够更详细地记录几百千米范围内极光的光谱信息；法布里－珀罗干涉仪用来研究极区上空高层大气风的变化。

忽然，乌狸看到从不远处的房顶上发射出一道绿色的激光，约夫纳先生告诉他那是德法站的科研设备楼，主要用于大气学研究。

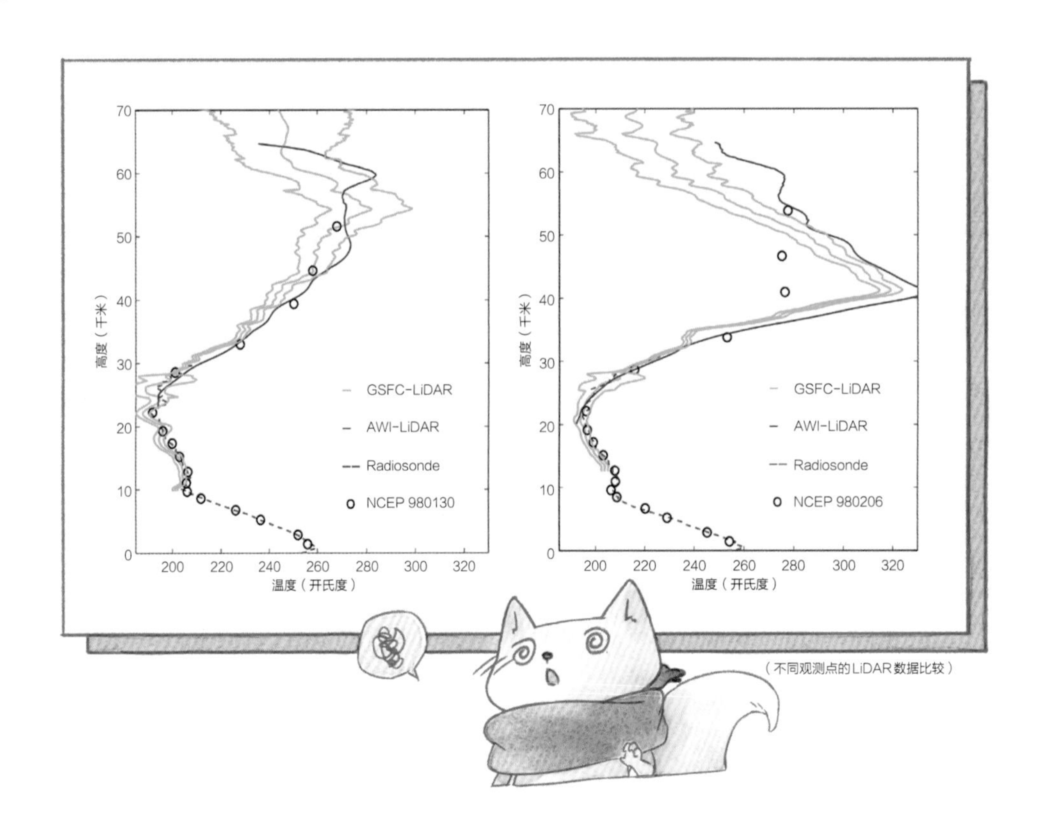

（不同观测点的LiDAR数据比较）

这个能发射出绿色激光的设备叫LiDAR，是LIGHT DETECTION AND RANGING的缩写组合，这台机器每秒可以发出50道激光。大气中有很多微粒，比如大气浮质、云彩颗粒等，当激光通过这些微粒的时候，它们会像镜子一样将激光反射，在地面上通过望远镜接收反射回来的激光，就能记录空气微粒的信息了。LiDAR不仅可以区分大气浮质和云彩颗粒，还能区分人为污染的颗粒和火山喷发的颗粒。除了LiDAR，只要天气晴好，这里的科学家会在0点、6点、12点和18点四个时间点放飞大气监测气球，他们通过监测数据归类整理大气层的信息，用来研究气候模型。

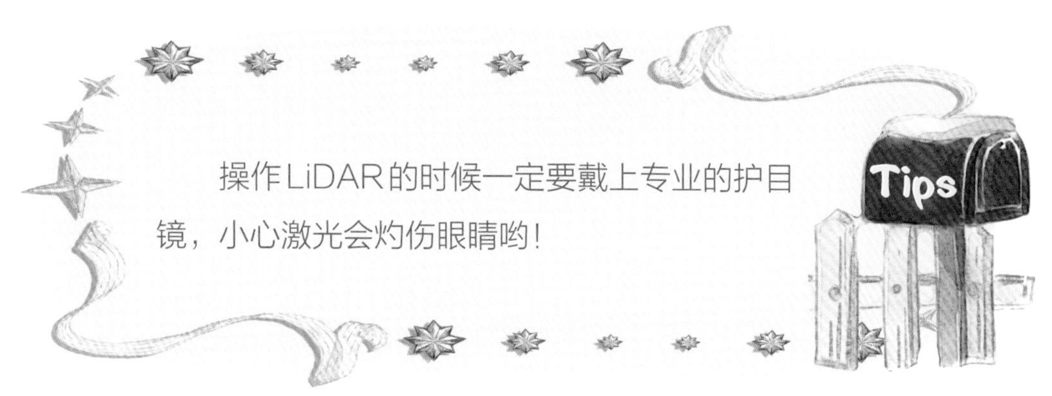

操作LiDAR的时候一定要戴上专业的护目镜，小心激光会灼伤眼睛哟！

整个新奥尔松由王湾公司管理，约夫纳先生就是其中一名雇员。他们就像这座小镇的引擎，维持着新奥尔松的日常运转。气象学家还告诉乌狸，因为新奥尔松是国际科研基地，所以很多国家把各种不同的科研设备带到这里，让科学家们共同研究，不断改进科研结论。

新奥尔松不像朗伊尔城似的有很多游客，轮船、飞机的往来运输都是为了运送科研物资和生活必需品的。新奥尔松是一片科研领地，所以要尽可能地减少人为因素对科研数据的影响。

垃圾分类

Soft plastic
干净的软塑料
Paper
Papir
写字纸
Rubbish
垃圾
Aluminium cans
易拉罐
果皮残渣

垃圾分类类别

服务中心回收：

软塑料

硬塑料

复印纸

报纸

硬纸盒

软纸盒

旧衣物

塑料泡沫

食物残渣

食用油

电灯泡

垃圾

玻璃制品
（回收桶在回收中心外面）

旧仓库回收：

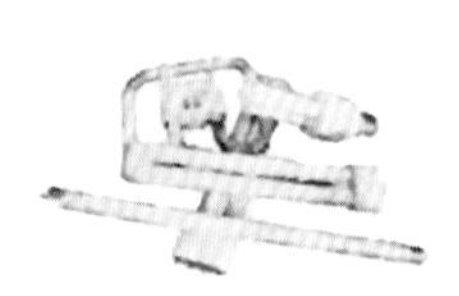
灯管

电灯泡

废旧电器

铅电池

金属零件

废油

机油滤清器

空油罐

颜料

废柴油

易拉罐

金属罐

喷雾罐

灯管

小电池

充电电池

较大的废物（比如木材、家具等）请询问管理员。

电线电缆

铅粉盒

喷雾罐

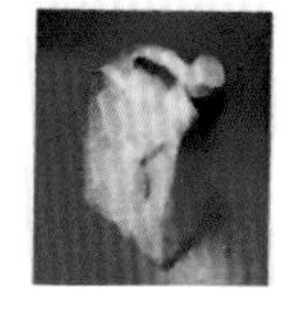

汽油

有问题请询问管理员

在新奥尔松的食堂、各个科考站、健身房等很多地方都粘贴着非常细致的垃圾分类规则，上面画着示意图，并且提示如果不知道怎么分类，可以到垃圾处理中心学习。

乌狸跟着约夫纳先生来到服务中心旁边的垃圾处理中心。垃圾处理中心摆放着各种各样的垃圾处理机械，有的处理硬塑料垃圾，有的处理旧衣物床单等针织物，有的处理厨余垃圾……它们轰轰作响，把垃圾吞进处理仓内。

“为什么要把垃圾分类呢？”乌狸问。

不同的垃圾经过复杂的处理过程，可以成为新的材料，再次投入生产。如果不给垃圾分类的话，垃圾就只是一堆废品。

全球有75亿人口，每年会产生13亿吨的垃圾，其中有近三分之一的垃圾是可再生资源。这些宝贵的资源如果被浪费掉，真是太可惜了！而且处理不当的话，还会引起二次污染，对地球环境造成

极大的破坏。比如硬塑料垃圾就是可再生资源，它的再生材料是生产橡胶不可缺少的物质。可是在自然界中，硬塑料垃圾转化为颗粒需要450年！

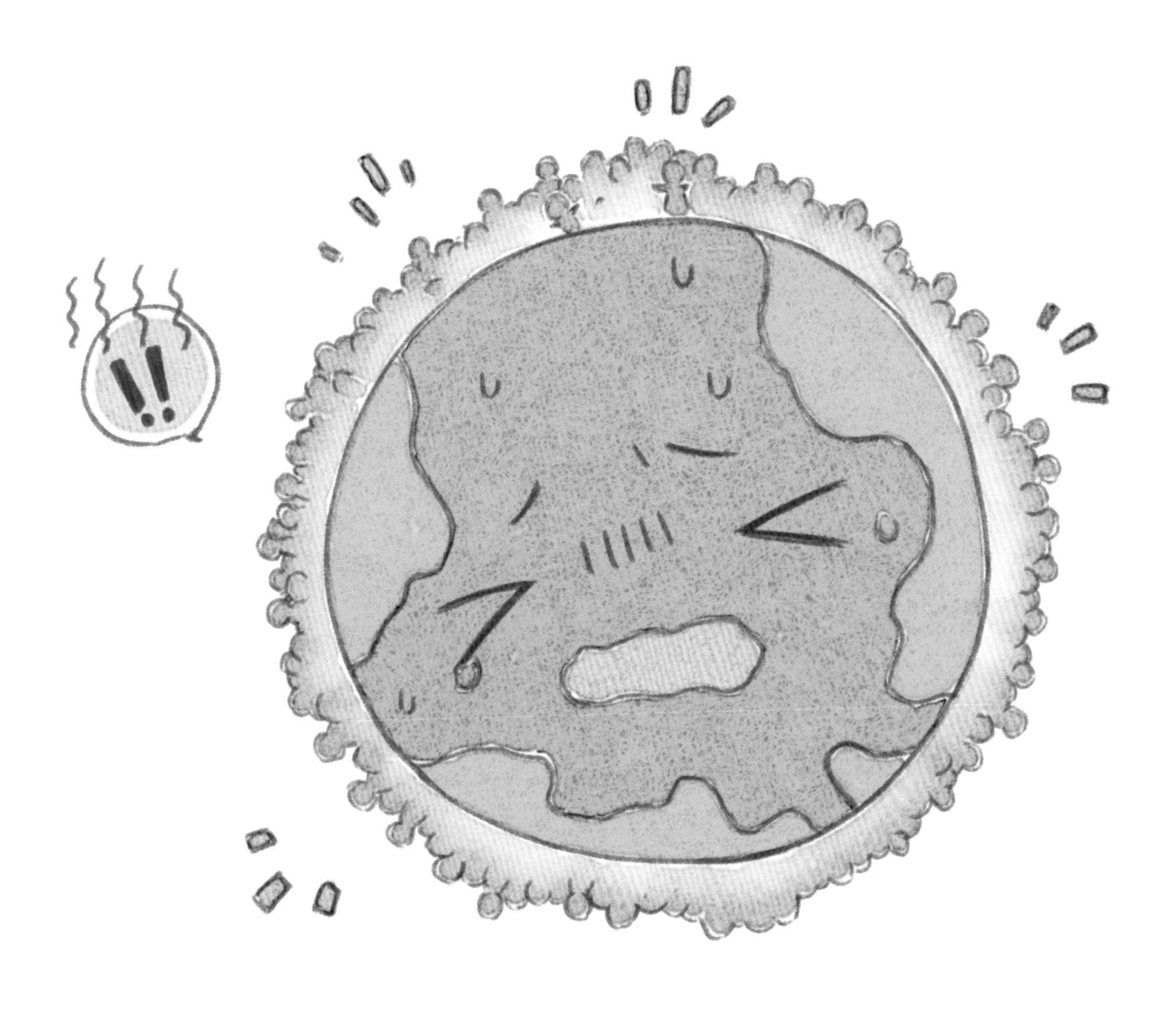

现在有80%的海洋污染来自陆地污染源。人们随手丢弃的塑料瓶、垃圾袋等塑料垃圾，都有可能被海豹、海龟、鲸鱼等动物误食，塑料垃圾堆积在动物的胃里无法消化，最终导致它们无法吃下真正的食物而死亡。动物们也很容易被垃圾刺伤、缠绕，使得它们无法行动，甚至窒息。

填埋垃圾会产生化学气体，如果没有安全的收集系统对填埋场释放的气体进行收集的话，恶臭的气味也会造成环境污染，严重时甚至会引发火灾和爆炸。

在黄河站里有四大一小五个垃圾桶，分别标注着不同的垃圾类别：干净的软塑料、垃圾、写字纸、易拉罐、果皮残渣。

什么是干净的软塑料呢？比如衣物的外包装袋、快递包裹的填充气囊等柔软的、不直接接触内容物的塑料物，都是干净的软塑料。

零食的包装袋、方便面的包装袋、油料包、调味包、蔬菜包，等等，都是被“污染”的塑料，要放进“垃圾”这个筒中。在新奥尔松，这些包装还需要先清洗干净才能放进去，不然是没法回收处理的。用过的纸巾还有一般的垃圾物，都要放进“垃圾”这个筒中。

写字纸，指的是平时书写用的纸张，要单独分出来，不能放在“垃圾”筒里。硬纸板不属于这类；塑料泡沫既不是干净的软塑料，也不是垃圾，它们都需要单独回收。

食物残渣和果皮果核是同一类；咖啡粉等饮料颗粒是另一类，不可以丢在果皮残渣里。旧衣物等针织物品放一起；易拉罐放在一起；盒式牛奶、酸奶的纸盒要放在一起。

还有一些垃圾需要单独分类：

1. 电池；
2. 充电线、电源；
3. 剩余的肥皂碎块；
4. 红酒等酒水饮料的木塞。

你的身边还有哪些垃圾？想一想它们该如何分类呢？

塑料饮料瓶也是单独回收的，跟我们国内一些城市的垃圾分类不同，科考站的垃圾分类是非常细致的，很多垃圾都需要单独回收。记得把塑料饮料瓶清洗干净再放进回收袋中哟！

让我们一起开始垃圾分类吧！

步骤：

——准备贴纸、笔、垃圾袋、垃圾桶；

——写下垃圾类别的标签：

1. 干净的软塑料（袋）；

2. 垃圾（纸巾、有油污的纸制品、塑料）；

3. 干净的纸；

4. 易拉罐；

5. 食物残渣、果皮；

——把标签贴在垃圾桶上；

——把垃圾袋系好，放置在小区的垃圾回收点。

和小伙伴们一起找找小区的垃圾回收点，画一份垃圾回收点的地图分享给大家吧！

北极光

每当极夜来临，炫丽的极光就如狐狸尾巴似的飘动在夜空中，与满天繁星交相辉映。极光发生在地球的两极地区，北极地区是北极光，南极地区是南极光。在古老的北欧神话中，极光被视为鬼神现身，会夺走人的灵魂；或者是神灵发怒，是一种凶兆。“极光”这个术语来源于拉丁文“伊欧斯”，是希腊神话中“黎明”的化身。“极光”这个名称却是来源于罗马神话中的织架女神“奥罗拉”(Aurora)，她掌管极光。长久以来，不同地方的人演化出不同的极光传说。现在我们都知道极光是一种自然现象，是高能粒子在地球大气层中碰撞产生出的一种放电发光的现象，太阳就是产生极光现象的源头。

地球周围有地球磁场，就像一层柔软的纱巾包裹着地球。太阳耀斑暴发时，携带着高能粒子的太阳风到达地球，受到地球磁场影响的高能粒子与大气层中的不同气体颗粒发生碰撞，就产生了会飘动的五颜六色的极光。比如氧原子被撞击后会发出绿光和红光；氮分子会发出紫光；氩分子会发出蓝光……所以在太阳风的吹动下，地球磁场不再对称，成了不规则的“流线型”，所以极光就摆动着成了长长的狐狸尾巴的样子。

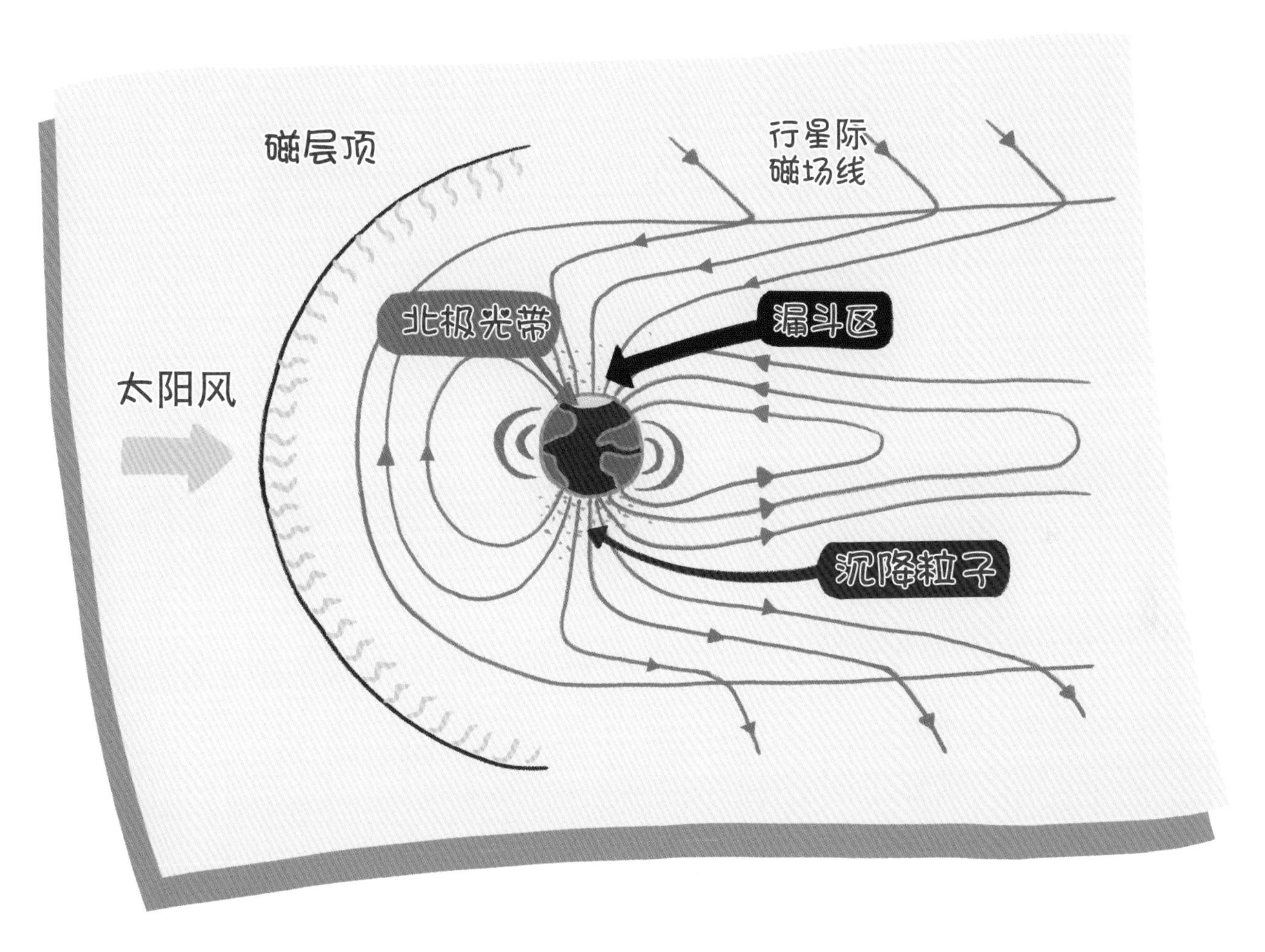
磁层顶
行星际
磁场线
北极光带
漏斗区
太阳风
沉降粒子

在我们的日常生活中，手机信号、导航信号、广播信号等都会受到地球磁场的影响。当极光产生的时候，就是地磁活动较强的时候，会影响电波传播，飞机可能接收不到导航信号，对飞行安全有很大影响。1989年在加拿大魁北克出现过一次强极光，此时，再美丽的极光也抵不过它严重影响人们的生活。地磁受到强烈太阳风暴影响，使魁北克全省的供电系统瘫痪，9个小时无电可用，受影响的人数高达600万。所以人们通过研究极光来了解地磁活动状态，对电力、航空、通信等电波信号传播提供帮助。

观测北极光的最好时间是从九月到三月底。九月、十月还没有进入冬季，在水边拍摄极光的倒影是非常美妙的！进入极夜后，能够看到极光的时间是最多的，只要天气晴朗，没有暴风雪，都可以外出拍摄。除了新奥尔松、朗伊尔城有美丽的极光之外，挪威的特罗姆瑟也是很好的极光拍摄地。此外还有加拿大黄刀镇和白马镇，也是看极光的好地方。阿拉斯加的费尔班更是有“北极光首都”的美称。

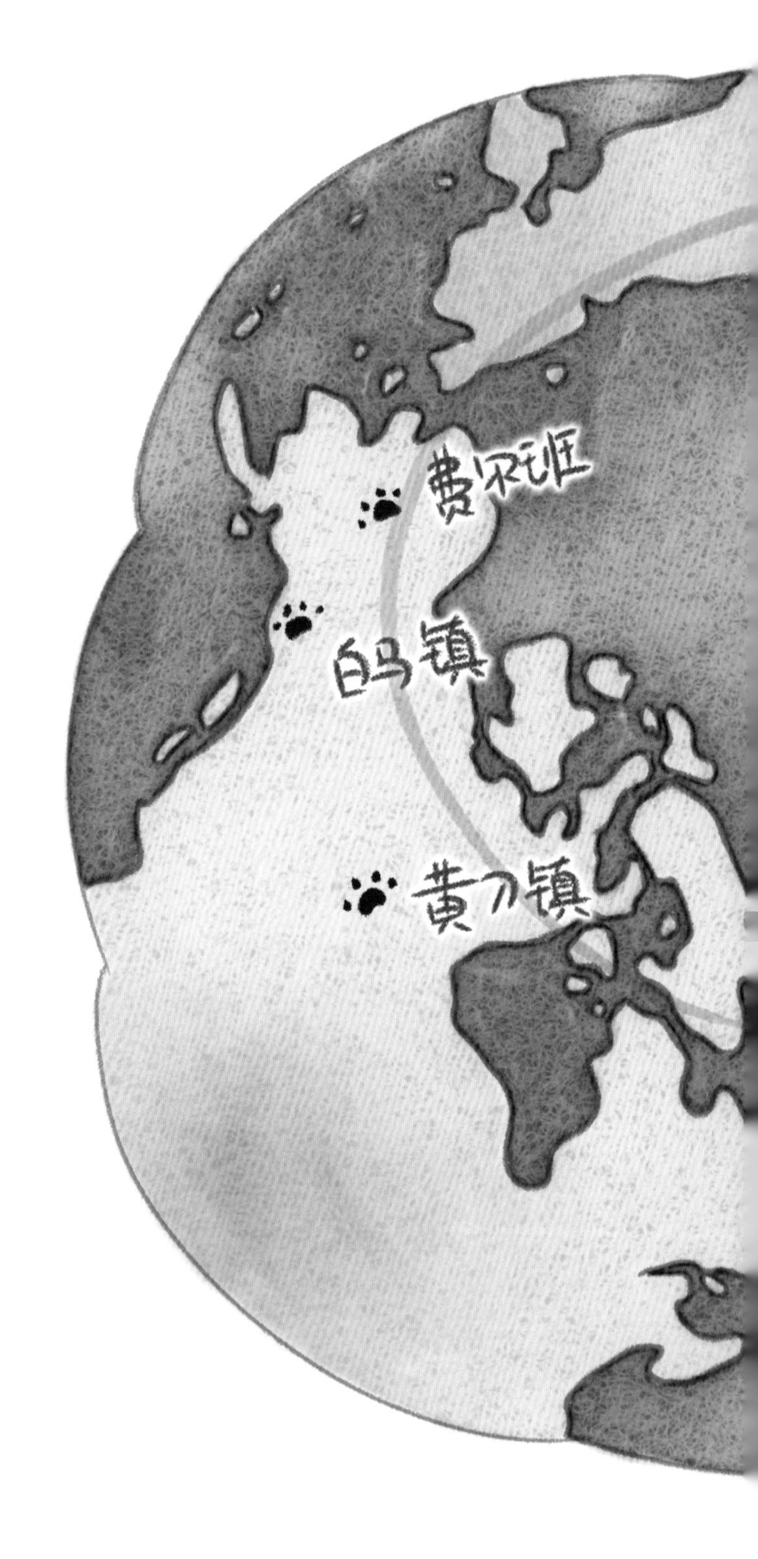

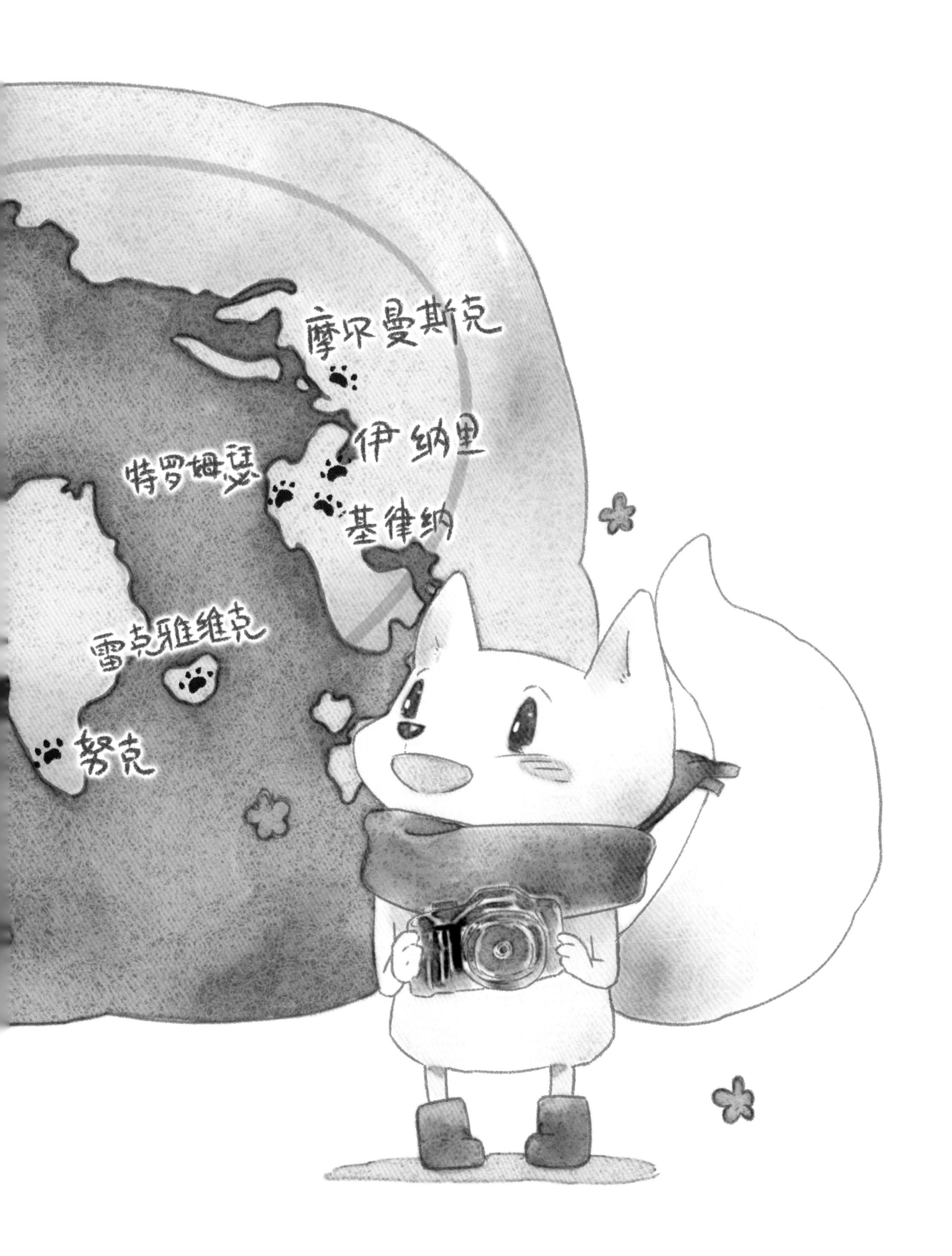
摩尔曼斯克
伊纳里
特罗姆瑟
基律纳
雷克雅维克
努克

乌狸问："怎么才能知道极光什么时候在哪里发生呢？"

约夫纳先生打开手机，现在有很多预报极光的APP，里面有详细的信息，极光在哪里发生、范围有多大、什么时候发生、强度大小等一目了然。

"这是'极光猎手'必备的工具。"约夫纳先生说。

要想拍下美丽的极光，除了掌握极光预报和拥有摄影器材外，最重要的是注意保暖和有耐心。美丽而流动的极光画面是通过延时摄影拍下来的。要找到视野开阔的场地，把单反相机固定好位置，根据周围光线情况调整光圈，越大越好；快门速度可以是4秒或8秒，尽量不要超过30秒；ISO（感光度）在1600～6400之间，连续拍半小时以上，就可以获得一组美妙绝伦的极光延时画面了。在朗伊尔城，有不少专业的"极光猎手"。他们经验丰富，通过几天观察就能判断出极光的颜色和形态，找到最佳的拍摄地点，记录下极光最美的瞬间。

!!
M
4'
F4.0
ISO 1600
-3..2..1..0..1..2..+3
AWB
ONE SHOT

认识北极熊

在斯匹次卑尔根群岛上生活着3000余只北极熊，而这里的人口数连2000人都不到。可以说，北极熊是这里真正意义上的“原住民”。北极熊是世界上最大的陆地食肉动物，公熊的体长可达3米，高1.5米左右，体重400～800千克。母熊比公熊略小一些，体长2米左右。在新奥尔松的服务中心里有一只小熊的标本，来到新奥尔松的人都会跟它合影。这只小熊体长不到2米，乌狸摸了摸小熊的毛，感到有些异样，“它和我的毛不一样吗？”乌狸问。

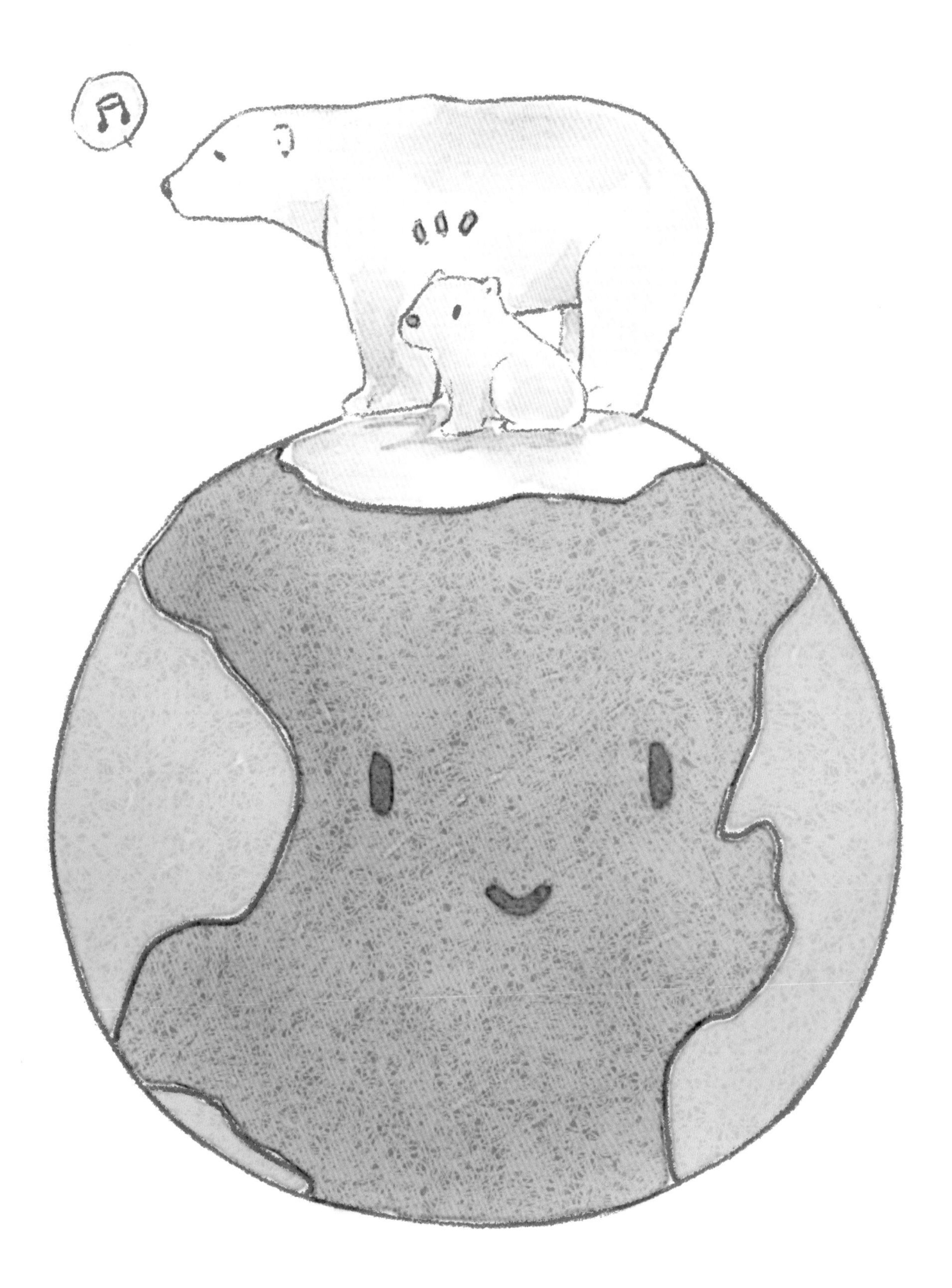

北极熊的毛很特殊，是一种中空的纤维，因为浓密，所以看上去是白色的。有时在阳光的照耀下，会略显黄。实际上，北极熊的皮肤是黑色的，特殊的中空毛发将来自阳光的热传到黑色的皮肤上，再加上北极熊有很厚的皮下脂肪，所以才能在寒冷的北极生存。冬季时候，栖息在斯匹次卑尔根群岛的北极熊主要集中在东北部的冰盖和海洋的交界处，那里有海豹和鱼；夏季时候，由于冰盖融化，海豹没有了集中地，所以北极熊就开始到处寻觅食物。北极熊虽然体型庞大，但它的奔跑速度可以超过每小时40千米，相当于每秒11米！

在冬季，北极熊通常有充足的食物可以填饱肚子；而夏季是它们饥饿的季节。一只饥饿的北极熊是非常可怕的。每逢夏季，都会有北极熊“光顾”新奥尔松找食物。虽然动画片和童话书中的北极熊总是憨态可掬的样子，但现实中，北极熊是野兽，它有强大的攻击力和飞快的奔跑速度。为了防熊，新奥尔松所有的建筑和轿车都不上锁。如果遭遇北极熊，第一件事是赶快躲进房子里或者车里，等待北极熊离开和救援。

通常北极熊是不攻击人的，因为它根本不知道人类是什么。除非是北极熊误闯人类居住区，同时它很饥饿，或者它要保护幼崽。在北极熊眼中，人和海豹、鱼等生物是一样的。

约夫纳先生说：“无论是在朗伊尔城还是在新奥尔松，如果要去野外的话，一定要持枪。但是持枪的目的不是为了攻击，而是为了保护自己。如果有北极熊进了城镇，人们通常用声音来驱走北极熊，比如放鞭炮、鸣枪等方式。”

?
stop

由于地球气候不断变化，北极的冰山正在逐渐融化，北极熊失去了栖息的洞穴和觅食的地方，近五年来北极熊伤人事件的数量逐渐上升。其实，北极熊在人类活动范围内是很少出现的，但人类却是时刻都在它们周围。人类的生产活动破坏了自然环境，北极熊的数量正在急剧下降，已经成为濒危野生动物。现在，已经有越来越多的国家签署了保护北极熊的国际公约，限制捕杀北极熊，而且还要保护北极熊的栖息地和生存环境。

咕噜—

2018年夏季，有几只北极熊闯进新奥尔松。它们来到黄河站旁边的海滩上找鸟蛋吃。

北极下雨了

乌狸和约夫纳先生走出服务中心，外面忽然下起了雨。“现在是冬季啊！”乌狸叫唤着，“为什么北极的冬季会下雨呢？”

一直以来，人们对于北极的印象就是一片寒冷之地，有大块的浮冰和冰川。可是近30年来受到全球持续变暖的影响，与20世纪80年代初相比，北极已经有超过一半的海冰在夏季消失。

乌狸和约夫纳先生走在路上，地面上全都是冰。约夫纳先生的鞋上套着冰爪，走起路来嘎吱作响，可乌狸不停地在摔跤。一旦下雨，出行就会非常困难，必须佩戴冰爪等防滑配件；也不能驾驶雪地摩托车，因为很容易发生事故。当地人习惯了寒冷和冰雪，日渐升高的北极气温让他们担心，熟悉的生存环境将于不久的将来消失殆尽。

气温℃

刺溜
!!?
!!!
噗通！

北极的气温升高以超过全球平均气温升高两倍的速度急剧上升，而北极冬季的升温速度甚至达到全球平均升温速度的四倍以上。数据显示，如果其他地方平均气温升高2摄氏度的话，那么北极就会升高4摄氏度！这就是“北极放大”效应。为了明白到底是什么原因导致“北极放大”效应发生的，科学家们提出了不同的观点。总之，北极地区快速升温与它独特的地理环境、大气环境变化有着复杂而紧密的关联。

4°C
退烧贴
2°C
2°C

北极的快速升温不仅让海冰迅速消融，还导致北极地区陆地的冻土不断消融。

在朗伊尔城有一座全球种子库，保存着超过100万份的植物种子，以防未来可能发生的物种灭绝。为了保存这些种子，种子库深入到永久冻土带中，坚固得可以抵抗核弹。然而坚固的种子

库在2017年由于冻土融化，种子库入口遭到水淹。雪水涌入种子库入口并且再次结冰，像一条冰河一样灌入种子库，幸好没有深入到储存库，不然后果真是不堪设想！现在种子库附近的山脉中增加了水道，内部也加装了水泵等设施，防止再次进水。

乌狸和约夫纳先生站在海边遥望远处的山，约夫纳先生指着远处三座山峰说：“那是新奥尔松的标志。每个地方都有自己的象征物，就像北极熊是整个北极的象征，企鹅是南极的象征。”

“南极是什么样子？”乌狸问。

“有各种各样的企鹅，还有和北极完全不同的风景。”约夫纳先生笑着说，“只有把世界走一遍，你才能知道世界真正的样子。所以你一定要踏上南极才能感受到它的魅力。”

听到这里，乌狸许下一个愿望，我一定要去南极！

不管是人类、动物还是植物，地球上所有的生命体都只有地球这一个家园，但能够破坏和保护这个家园的只有人类。我们关注极地就是关注人类未来的命运。垃圾分类、使用清洁能源和再次利用等都是我们保护地球的一种行动，和乌狸一起行动起来，走遍世界，保护地球吧！

斯瓦尔巴教堂

朗伊尔城

朗伊尔城

野外小木屋

月食前

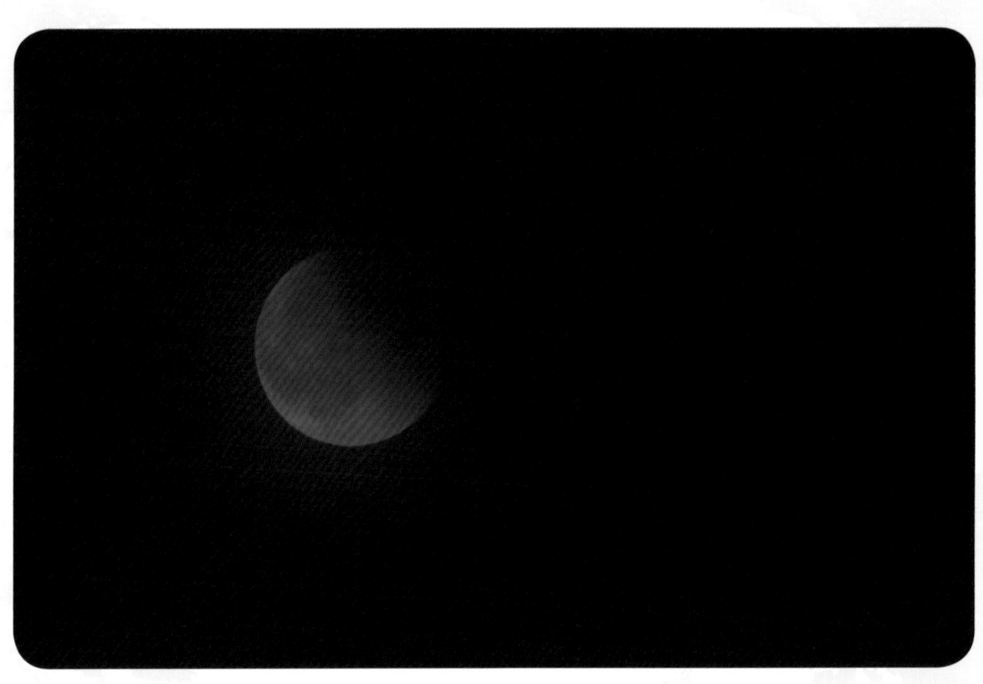

初亏

食甚

生光

阿蒙森广场

满地的科考设备

Soft plastic
只接受干净的软塑料（袋）

Rubbish
垃圾（包括纸巾、被食品
油污污染的纸制品、塑料）

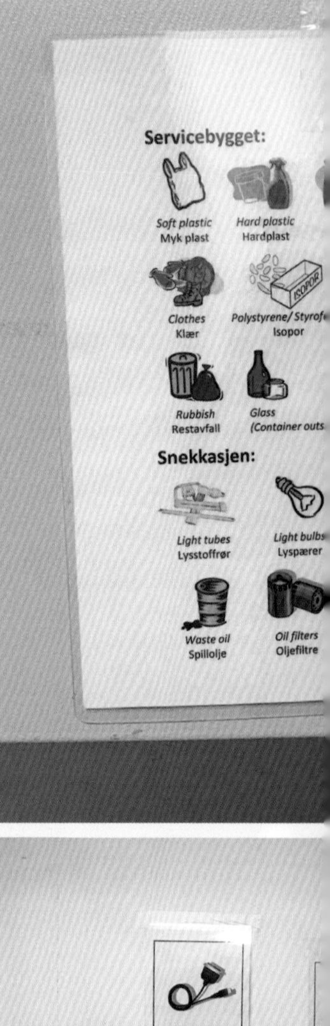
Servicebygget:
Soft plastic
Myk plast
Hard plastic
Hardplast
Clothes
Klær
Isopor
Rubbish
Restavfall
Glass
Snekkasjen:
Light tubes
Lysstoffrør
Light bulbs
Lyspærer
Waste oil
Spillolje
Oil filters
Oljefiltre

Paper
Papir
只接受干净的纸张
（纸巾、纸杯 No!）
Aluminium cans
Soft drinks and beer cans only/
只接受易拉罐
（其他金属 No!）

El-kabler
Electrical cables
Kings Bay needs your help to keep
up the waste management
Aluminium cans
Rubbish
Restavfall

OSAL CATEGORIES
Cardboard
Papp
Carton
Kartong
Aluminium cans
Aluminiumsbokser
Metal/tin cans
Hermetikk
Spray boxes
Spraybokser
Cooking oil
Frityrolje
Light bulbs
Lyspærer
Light tubes
Lysstoffrør
Small, flat batteries
Knappcelle batterier
Rechargeable batteries
Oppladbare batterier
For bigger waste such as wood, furniture etc; ask the janitor of Kings Bay AS
Lead batteries
Blybatteri
Metal parts
Metalldeler
Electric cables
El-kabler
Toner cartridges
Tonere
Spray boxes
Spraybokser
Paint related products
Malingsrester
Waste diesel
Diesel
Petrol / gasoline
Bensin
Questions? Ask the adviser or the janitor
Updated jan. 2012, Kings Bay AS

只接受食物残渣、果皮
（纸巾、纸杯 No!）

Ren ett-lags kartong
Clean one-layer cardboard

Aluminiumsbokser
Aluminium cans
CANS
PLEASE DO NOT PUT
BOTTLE CAPS (RUBBISH)
TEA CANDLES (RUBBISH)
OR OTHER NON ALUMINIUM STUFF
INTO THIS CRUSHER!!!!!!!

Hardplast
Hard plastic

RUBBISH
1. Push GREEN button to start the machine
2. Throw in the rubbish
no

LiDAR发射的绿色激光

黄河站外的驯鹿

北极狐

北极狐

新奥尔松全景